SITZUNGSBERICHTE DER DEUTSCHEN AKADEMIE
DER WISSENSCHAFTEN ZU BERLIN

Klasse für Mathematik, Physik und Technik
Jahrgang 1957 Nr. 2

HANS DIETER KOSWIG UND OSTAP STASIW

DIE LAGE DER ABSORPTIONSBANDEN VON STÖRSTELLEN-ELEKTRONEN IN IONENGITTERN

AKADEMIE-VERLAG · BERLIN
1958

Vorgelegt in der Gesamtsitzung vom 12. September 1957
Zum Druck genehmigt am gleichen Tage, ausgegeben am 30. 3. 1958

Erschienen im Akademie-Verlag GmbH, Berlin W 8, Mohrenstraße 39

Satz und Druck: Druckhaus „Maxim Gorki", Altenburg
Bestell- und Verlagsnummer: 2010/57/I/2
Preis: DM 1,30
Printed in Germany

INHALTSÜBERSICHT

I. Einleitung

Seit einigen Jahren wird versucht, die Absorptionsspektren der Farbzentren in den Alkalihalogeniden theoretisch zu erfassen. Zunächst konnte MOLLWO [1] und später IVEY [2] zeigen, daß die Frequenz ν_{max} im Maximum der Absorptionsbande der Farbzentren nur von der Gitterkonstanten abhängig ist. Nach MOLLWO [1] gilt in guter Näherung die Beziehung

$$\nu_{max}\, d^2 = \text{const} \tag{1}$$

(d = Gitterkonstante)[1]. Von MOTT und GURNEY [3], TIBBS [4], SIMPSON [5], PINCHERLE [6] u. a. wurde ein vereinfachtes Modell des Farbzentrums untersucht. Danach handelt es sich beim Farbzentrum um ein Elektron, das in ein Kontinuum eingebettet ist. Als Potential wird ein durch die makroskopische Dielektrizitätskonstante $\varkappa$ bestimmtes COULOMBpotential $\frac{e}{\varkappa r}$ angesetzt. Zu diesem Potential gehören wasserstoffähnliche Energiezustände und Eigenfunktionen. Auch PEKAR [7] behandelt die Farbzentren wie ruhende Polaronen in einem durch die statische und optische Dielektrizitätskonstante bestimmten COULOMBfeld.

Die Abschätzung der Eigenwerte eines im Gitter eingefangenen Elektrons ergibt bei fast sämtlichen Modellen, daß die Eigenfrequenzen umgekehrt proportional dem Quadrat der Gitterkonstanten sind. Die von MOTT [3], PEKAR [7] u. a. durchgeführten Berechnungen stimmen angenähert mit der von MOLLWO [1] gefundenen Beziehung in der Abhängigkeit der Frequenz im Maxi-

[1]) Abweichend von der üblichen Bezeichnung soll hier unter Gitterkonstante der kürzeste Abstand zweier Ionen im Kristall verstanden werden.

mum der Absorptionsbande von der Gitterkonstanten überein. Daneben sind in allen Fällen die Energieterme von der makroskopischen Dielektrizitätskonstanten des Alkalihalogenids abhängig. Der geringe Unterschied der Dielektrizitätskonstanten der Alkalihalogenide läßt eine Entscheidung über den Einfluß von $\varkappa$ auf ν_{max} nicht zu. Damit bleibt es von dieser Seite offen, ob das für das Farbzentrum zugrunde gelegte Modell eine ausreichende Näherung darstellt.

II. Neue Ergebnisse der Untersuchung der Absorption von Störstellenelektronen

In der letzten Zeit ist es gelungen [8], für die Lage der Maxima der ersten Absorptionsbanden, die in den Silberhalogeniden mit O^{2-}-, S^{2-}, Se^{2-}- und Te^{2-}-Zusatz bei tiefen Temperaturen beobachtet werden, eine einfache empirische Beziehung anzugeben. Es gilt

$$h\nu d^2 = aR - bR^2 \quad (2)$$

Dabei bedeuten $h\nu$ die absorbierte Energie im Maximum der Absorptionsbande, d die Gitterkonstante des Grundgitters und R den Ionenradius des eingebauten zweiwertigen Fremdanions. Die Konstanten a und b können aus den gemessenen Werten für die

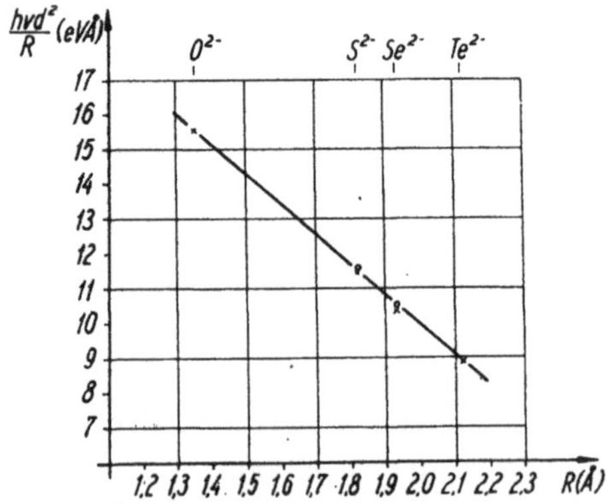

Abb. 1. Zur Darstellung der Gl. (2)
—×—AgBr-Mischsysteme —○—AgCl-Mischsysteme

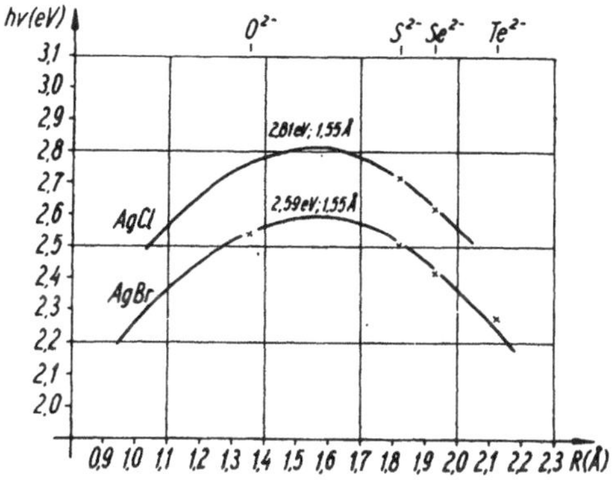

Abb. 2. Abhängigkeit der absorbierten Energie im Maximum der Bande vom Ionenradius der eingebauten Störstelle nach Gl. (3) beobachtete Werte für die Ag-Halogenid-Mischsysteme

Maxima der Absorptionsbanden und den zugehörigen Ionenradien ermittelt werden. In der durch (2) gegebenen Darstellung sind die Konstanten a und b weder vom Grundgitter noch von den eingebauten Fremdanionen abhängig.

Abb. 1 und Abb. 2 zeigen die Abhängigkeit der absorbierten Energie im Maximum der Bande vom Ionenradius. In der Abb. 1 wurde, um die Konstanten a und b empirisch zu ermitteln, als Ordinate $\frac{h\nu d^2}{R}$ über R aufgetragen. Es ergibt sich in dem Bereich der vorgegebenen Ionenradien eine Gerade. Abb. 2 zeigt die Abhängigkeit $h\nu$ von R nach der Beziehung

$$h\nu d^2 = \frac{a^2}{4b} - b\left(R - \frac{a}{2b}\right)^2, \tag{3}$$

die leicht durch Umformung der Gl. (2) gewonnen werden kann. Man erhält eine Parabel, die durch den Anfangspunkt des Koordinatensystems geht.

Diese Darstellung führt zu dem Ergebnis: Für einen bestimmten Ionenradius, der dem Wert $\frac{a}{2b}$ entspricht, gibt es einen Höchstwert in der absorbierten Energie. Dieser Wert wird festgelegt durch das Maximum der Parabel. Wie weiter gezeigt werden konnte [9], ist es möglich, mit diesem Höchstwert auch die spektrale Lage der Absorptionsbanden in den Alkalihalogeniden zu beschreiben, d. h. wird dem Farbzentrum ein fiktiver Radius $\frac{a}{2b}$ zugeordnet, dann ergibt sich die von MOLLWO [1] aufgestellte Beziehung (1). Die Konstante $\frac{a^2}{4b}$ der Gl. (3) weicht nur geringfügig von der von MOLLWO ermittelten ab (nach MOLLWO [1] 20,65 eVÅ², nach [8] 21,51 eVÅ²). Mit dem Höchstwert von $h\nu d^2$ lassen sich die Absorptionsmaxima der Farbzentren im allgemeinen besser darstellen als mit der Beziehung (1). Nur die Abweichungen in den Alkalifluoriden sind größer.

III. Diskussion der Gln. (2) und (3)

Die Möglichkeit der Beschreibung der Absorption der Farbzentren in den Alkalihalogeniden mit der für die Absorption der zweiwertigen Fremdionen in Ag-Halogeniden gültigen Beziehung (2) läßt einige Folgerungen auf die Natur der Störstellen zu.

Wie in [8] gezeigt wurde (vgl. auch Abschn. 2 dieser Arbeit), sind die Konstanten a und b weder vom Fremdion noch vom Grundgitter abhängig. Für den Absorptionsvorgang der Fremdanionen in den Silberhalogeniden spielt danach z. B. die Elektronenaffinität keine Rolle, wie man es zunächst erwarten würde. Die Konstanten a und b können also nur durch den Ladungs- und Gitterwechselwirkungscharakter der Störstelle bestimmt sein. Berücksichtigt man weiter, daß mit der Gl. (3) auch die Farbzentren beschrieben werden, dann bedeutet das, daß die Überschußelektronen in den zweiwertigen Anionen in gleicher Weise an die Störstelle gebunden werden wie das Elektron im Farbzentrum. Ein derartiger Bindungszustand des Überschußelektrons würde auch verständlich machen, warum z. B. die Elektronenaffinität keine Rolle bei der Absorption der Anionen spielt.

Damit erscheint die von MOLLWO [1] gefundene Beziehung (1) als ein Sonderfall der allgemeineren Gleichung [8]

$$h\nu d^2 = F(R). \qquad (4)$$

$F(R)$ ist eine Funktion des Radius der eingebauten Störstelle. Die von MOLLWO [1] ermittelte Konstante ergibt sich dann, wenn für das Farbzentrum ein fiktiver Radius $\frac{a}{2b}$ in (4) eingeführt wird. Für das Farbzentrum, das als ein in eine Halogenlücke eingefangenes Elektron betrachtet wird, bedeutet dies, daß das eingefangene Elektron sich einen günstigen Radius selbst schafft. Dieser Radius entspricht einem Gleichgewichtszustand mit größter Bindung des Elektrons, wie es auch durch das Maximum der Parabel beschrieben wird.

Die Konstante der Gl. (1), die also durch $\frac{a^2}{4b}$ bestimmt wird, ist eine vom Gitter unabhängige Größe, da sie sowohl für die Alkali- als auch für die Silberhalogenide gelten muß. $\frac{a^2}{4b}$ kann infolgedessen nur durch den Ladungs- und Gitterwechselwirkungscharakter der Störstelle bestimmt sein und keine für das Gitter charakteristischen Größen enthalten. Auch die makroskopische Dielektrizitätskonstante tritt in $\frac{a^2}{4b}$ nicht auf, obwohl man es nach Abschn. 1 erwarten würde. Bei einer Abhängigkeit von $\varkappa$ wäre es durchaus unverständlich, warum sich für die Alkali- und Ag-Halogenide der gleiche Wert ergeben soll. Die Dielektrizitätskonstanten der Silberhalogenide sind bedeutend größer als die der Alkalihalogenide. Dieser Unterschied in $\varkappa$ müßte sich, wenn eine Abhängigkeit in $\frac{a^2}{4b}$ vorhanden wäre, bemerkbar machen. Das ist jedoch nicht der Fall.

Für die Lage der Absorptionsbande des Farbzentrums und der Fremdanionen kann also in dieser Näherung nicht die makroskopische Dielektrizitätskonstante zur Beschreibung herangezogen werden. Nur die Gitterkonstante und der Raumbedarf der Störstelle, der gekennzeichnet wird durch einen Radius, bestimmen die spektrale Lage der Absorptionsbande.

Eine genaue Diskussion [9] der Konstanten a und b zeigt, daß eine Abhängigkeit von den Eigenschaften des Grundgitters, in das die Störstelle eingebettet ist, zwar noch vorhanden sein kann. Jedoch müßten a und b dann so von dieser Gittereigenschaft abhängen, daß sich für alle Kristalle $\frac{a^2}{4b} = \text{const}$ ergibt.

Interessant ist noch das Farbzentren-Verhalten der Silberhalogenide. Aus der Gl. (3) errechnet man die Lage des Maximums der Absorptionsbande der Farbzentren für AgBr zu 2,59 eV. Bisher konnten die Farbzentren in Silberhalogeniden experimentell nicht nachgewiesen werden. Eine genaue Betrachtung der Absorptionsmessungen an Ag-Halogenid-Mischkristallen von VOLKE [10] zeigt insbesondere bei den Se- und Te-haltigen Kristallen an dieser Stelle einen durchaus anomalen Verlauf der Absorption. Bei den O- und S-haltigen Silberhalogenidkristallen dürfte diese Betrachtung kaum durchzuführen sein, da die Absorption der Fremdionen nahe an dem Höchstwert der absorbierbaren Energie liegt. Die Absorptionsenergien in den letztgenannten Mischsystemen im AgBr weichen nur geringfügig von dem berechneten Wert des Maximums der Farbzentrenbande ab. Genaue Untersuchungen über den anomalen Verlauf der Absorption, insbesondere in Se- und Te-haltigen Kristallen, sind im Gange, da die Existenz von Farbzentren in AgBr durchaus wahrscheinlich ist.

IV. Zusammenfassung

Die Absorptionsbanden der Fremdanionen in Silberhalogeniden und der Farbzentren in den Alkalihalogeniden können aus einer gemeinsamen Beziehung abgeleitet werden. Die Lage des Maximums der Absorptionsbande ist danach nur abhängig von der Gitterkonstanten des Grundgitters und dem Radius der eingebauten Störstelle. Ein Zusammenhang mit der makroskopischen Dielektrizitätskonstante läßt sich in der Beziehung nicht nachweisen.

LITERATURNACHWEISE

[1] E. Mollwo, Gött. Nachr. Math.-Phys. Klasse (1931), 97
[2] H. F. Ivey, Phys. Rev. 72 (1947), 341
[3] Vgl. Mott u. Gurney, Electronic Processes In Ionic Crystals, Oxford (1948)
[4] S. R. Tibbs, Trans. Faraday Soc. 35 (1939), 1471
[5] J. H. Simpson, Proc. Roy. Soc. (London), A 197 (1949), 269
[6] L. Pincherle, Proc. Phys. Soc. (London), A 64 (1951), 248
[7] S. I. Pekar, J. Exp. Theor. Phys. 16 (1946), 335; 17 (1947), 868; 19 (1949), 746; 20 (1950), 510
[8] H. D. Koswig, Z. Physik 149 (1957), 204
[9] H. D. Koswig u. O. Stasiw, Z. Physik 149 (1957), 210
[10] Ch. Volke, Z. Physik 138 (1954), 623; Ann. Physik (6), 19 (1956) 203

Bei Fragen zur Produktsicherheit wenden Sie sich bitte an:
If you have any questions regarding product safety,
please contact:

Walter de Gruyter GmbH
Genthiner Straße 13
10785 Berlin
productsafety@degruyterbrill.com